易小点数学成长记
The Adventure of Mathematics

弓弩手列队

童心布马 / 著
猫先生 / 绘

7

北京日报出版社

图书在版编目（CIP）数据

易小点数学成长记 . 弓弩手列队 / 童心布马著 ; 猫先生绘 . --
北京 : 北京日报出版社 , 2022.2（2024.3 重印）
ISBN 978-7-5477-4140-5

Ⅰ . ①易… Ⅱ . ①童… ②猫… Ⅲ . ①数学—少儿读物 Ⅳ . ① 01-49

中国版本图书馆 CIP 数据核字 (2021) 第 236850 号

易小点数学成长记 弓弩手列队

出版发行：北京日报出版社
地　　址：北京市东城区东单三条 8-16 号东方广场东配楼四层
邮　　编：100005
电　　话：发行部：（010）65255876
　　　　　总编室：（010）65252135
印　　刷：鸿博昊天科技有限公司
经　　销：各地新华书店
版　　次：2022 年 2 月第 1 版
　　　　　2024 年 3 月第 7 次印刷
开　　本：710 毫米 ×960 毫米　1/16
总 印 张：25
总 字 数：360 千字
总 定 价：220.00 元（全 10 册）

目 录

系好安全带。

我们要去夏令营了!

到现在为止,你们已经掌握了数学的基础知识,真是太了不起了!

不知道实际应用时会不会犯糊涂呢。

我易小点可一点儿也不糊涂。

话别说得太满哟!

14 天的夏令营生活正式开始了！

夏令营里有营养美味的自助餐。

有丰富多彩的娱乐活动。

到了晚上，还可以和好朋友住在一起。真是太有趣了！

两天之后

这样下去，我们带来的 1600 元钱可能会不够用。

哇！你们吃了这么多零食！

买点菜，自己做饭吃会比较省钱。

每人每天就25元钱，能买什么呢？

我们去打工赚钱吧！

老板，我们是来应聘的！

你们会装车吗？

原来每组水果共 20 千克，铅笔妹从重量较重的一箱中取出 4 千克水果，放入较轻的一箱后，两箱水果重量相等。

大家都没事吧?

没事!

快看那边!

我们好像迫降在了春秋战国时期。齐国的大将军田忌和魏国的庞涓正在打仗。

自动换装功能受损,我们赶紧手动换装,混进其中一方吧。

只挂1种颜色的信号旗，能传递 3 种命令；挂 2 种颜色的信号旗，能传递 6 种命令；挂 3 种颜色的信号旗，能传递 6 种命令。通过排列组合就能传递 15 种不同的命令了。

太好了！昨天有神石从天而降，赏你们了！

哇，正是我要找的矿石！

第二天，博士修好了飞船……

原来他们是上天派来帮助我们的神仙。

零点特惠

超快航班

经济平价

到市区

50 座大巴

6 座面包车

租车自驾

免费顺风车

到乡镇

牛车

马车

驴车

步行

信上说，去山区共有□段路程，每段路程都□几种不同的交通工具□供选择。真是一群细□的孩子呀！

去山区好累啊！

有这么多选择，太好了！

你们知道前往山区一共有多少种出行方式可选择吗？

21

第一段路程有 3 种选择，
第二段路程有 4 种选择，
第三段路程有 4 种选择，
3 × 4 × 4 = 48（种）选择！

第一种选择：先乘坐零点特惠航班到达市区，再乘坐 50 座大巴到达乡里，最后坐牛车到达山区。第二种……

由于资金紧张，我们选择最省钱的方法吧。

等你数完，天都黑了。

不要呀，再苦也不能苦了孩子。

好了，出发！

你们得为自己前两天的过度消费买单。

变苦的糖水 浓度问题

夏令营活动结束后，铅笔妹邀请小点和小 π 来家里做客。

你们要喝什么？

吃了几天的"苦"，一定要喝点甜的。

那来杯糖水吧！

来，给你们！

有电话！有电话……

博士，为什么
只有我的糖水
是苦的？

什么是浓度呢？

糖是一种溶质，水
是一种溶剂。把糖
溶化在水里，就形
成了溶液。

好喝的糖水里，糖和
水的比例是恰当的。
糖的浓度过高，糖水
反而会变成苦的。

举个例子：

在 230 克水里加 20 克糖的算式是：

230 克溶剂 ＋ 20 克溶质 ＝ 250 克溶液

你得到的这杯糖水的浓度就是：

溶质的质量 ÷ 溶液的质量 ×100% ＝

$20 \div 250 \times 100\% = 8\%$

溶质占溶液的比例就是浓度。

我这杯的浓度快到 50% 了吧。

没关系，再加点溶剂，浓度就下降啦。

你怎么了？

喝了太多糖水，我要去小便。

你输了!

不可能,解放军叔叔都说我是当兵的好苗子,怎么会输给你?

军事里也藏着数学知识。剩余定律就是由古代军事家孙子提出来的。

楚汉相争时,韩信还巧妙应用过剩余原理呢。

向秦朝末年出发!

7 人一排……
那 3 个奇怪的人走开，不要破坏阵形！我只要 1070 人！
怎么又是你们？！
他怎么知道减掉我们 3 个就是 1070 人？
小命保住了。
你们早该像我一样躲起来。
韩信是用剩余定理，算出的士兵总人数。
回家再讲，好吗？

高斯博士的小黑板

剩余定理讲起来有点复杂，不要溜号哟。

韩信想知道士兵的总人数，首先要找到一个数字，能满足士兵站队时出现的三种情况：

① （ ）÷3 余 2
② （ ）÷5 余 3
③ （ ）÷7 余 2

满足①和③的数很容易找：3 × 7 + 2 = 23

比 23 大的所有 3 × 7 的倍数都能满足情况①和③，比如：23 + 21、23 + 21 × 2、23 + 21 × 3……

再从这些数字里找到满足情况②的数字，这个数字也必须大于 23。我们假设它是 23 + Y，把它带回到前面的三种情况里，你会发现，Y 必须能分别整除 3、5、7，所以，它就是 3、5、7 的公倍数。这三个数的公倍数有很多，最小公倍数是 3 × 5 × 7 = 105。这样一来，Y 可以是 105、105 × 2、105 × 3……

那么，能满足前面三种情况的数字就可以是：

23 + 105、23 + 105 × 2、23 + 105 × 3……23 + 105 × 10……
韩信估测，人数应该在 1000 人左右，所以取 23 + 105 × 10 = 1073。

你看懂了吗？

高斯博士的小黑板

归一问题公式：单一量 = 总量 ÷ 份数
归总问题公式：总量 = 单一量 × 份数

和差问题公式：
先求大数：
大数 =（和 + 差）÷ 2
小数 = 和 – 大数　或　小数 = 大数 – 差

先求小数：
小数 =（和 – 差）÷ 2
大数 = 和 – 小数　或　大数 = 小数 + 差

和倍问题公式：
小数 = 两数和 ÷（两数的倍数 + 1）
大数 = 小数 × 倍数

差倍问题公式： 差 ÷（倍数 – 1）= 小数；小数 × 倍数 = 大数
倍比问题公式： 总量 ÷ 一个数量 = 倍数；
　　　　　　　　　另一个数量 × 倍数 = 另一总量

浓度问题：
溶液 = 溶质 + 溶剂
浓度 = 溶质 ÷ 溶液 ×100%

37

跟着易小点，
数学每天进步一点点

数与数字关系　运算与速算　图形与测算　图形与测算　特殊测算

统计与概率　　基础应用　　典型应用　　典型应用　　典型应用

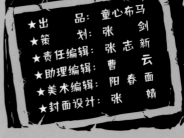

★出　　品：童心布马
★策　　划：张　剑
★责任编辑：张志新
★助理编辑：曹　云
★美术编辑：阳春面
★封面设计：张　婧

猫先生

北京日报出版社
微信公众号

童心布马
微信公众号

ISBN 978-7-5477-4140-

9 787547 741405

总定价：220.00元（全10册）